典藏新中式（第贰辑）

中式茶楼 二

典藏新中式

中国林业出版社
China Forestry Publishing House

目录

汤泉茶馆会所
Tangquan Tea Club   4

溪云茶楼
Xi'yun Teahouse   16

十二间·宅
Twelve·home   22

熹茗会·长乐店
Xi'ming Teahouse·Changle   28

南湖大厦休闲空间
Nanhu building   34

熹茗会·平潭店
Xi'ming Teahouse·Pingtan   40

舒隅酒店茶会所
Shuyu Teahouse   46

绍业堂
Shaoye Tang   52

宽庐茶会所
Kuanlu Tea Club   58

素业茶苑
Suye Tea Club   64

小东园
Xiaodong Yuan   74

南池茶舍
Nanchi Tea Club   82

海洋会
Haiyang Club   88

稍可轩
Shaoke Xuan   94

古一宏茶会所
Guyihong Tea Club   102

茗泉茶庄
Guyihong Tea Club   112

陶然居
Taoran Ju
120

寻茶
Discover Savour
126

融汇民俗的新东方气韵
An Oriental Space With Folk Culture
130

无像无相
Wuxiang Wuxiang
140

茶会
Tea Club
148

印象客家
Impressions of Hakka
156

观茶天下
Understand World Tea
164

沁心轩
Refreshing House
172

杯酒话山居
Mountain Club
178

茗古园
Ancient Tea Garden
186

 Contents

汤泉茶馆会所
Tangquan Tea Club
设计师：邱春瑞

项目名称：惠州中信紫苑·汤泉茶馆会所
项目地点：广东省惠州市
项目面积：540 平方米
摄 影 师：大斌室内摄影

设计师以禅的风韵来诠释室内设计，不求华丽，旨在体现人与自然的沟通，为现代人营造一片灵魂的栖息之地。

本案并借助一代文豪苏东坡历史为背景，营造出室内空间萧瑟、凄凉、踌躇满志、略带悲伤的一种复杂的情怀。借以中国文化代表之一——茶作为引子，不同的茶室提供不同的茶，普洱、龙井、碧螺春、铁观音等，让浓郁的茶香萦绕在室内空间里。

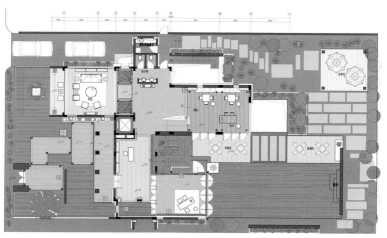

一层平面布置图

二层平面布置图

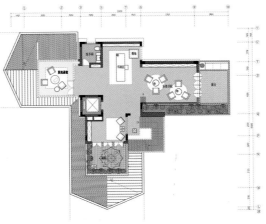

二层平面布置图

溪云茶楼
Xi'yun Teahouse
设计单位：道和设计室内设计机构　设计师：王景前、刘坤、高雄

项目地点：南昌市青山湖区鹿鼎茶叶市场

项目面积：130 平方米

主要材料：水曲柳面板、乳化玻璃、仿古砖、玫瑰金不锈钢、文化石

摄 影 师：邓金泉

该茶楼座落在南昌茶文化集聚的鹿鼎茶叶市场，各种围绕传统茶文化设计的空间不计其数。

《溪云》的设计提炼了中国传统文化的精髓，似国画之山水、似书法之飘逸，体现出了东方式的精神内涵和中国的文化，结合现代的简练线条和变化的空间而独具风格。道和设计专注在现代中式空间，对于现代想逃离喧嚣的茶客来说，溪云静能使人心明神清，慧增开悟，神采万千。如今的人们为生计而忙忙碌碌，但心底却无不渴求生活的平静。一方净土，空间上的干净带给茶客心灵宁静的感念，更能让茶客享受生活的片刻安宁和自在。

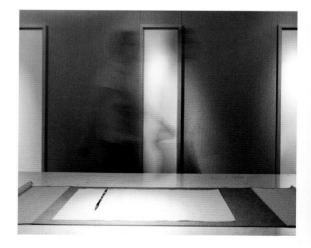

十二间·宅
Twelve · home
设计师：梁建国

项目地点：北京市朝阳区

项目面积：80 平方米

主要材料：大理石

想要的是一种生活而非空间的本身，宗旨是与空间产生快乐的联系，激活中国式美学的生活方式！

用"意"而非表象，可以把她比作一方水塘，春可凭栏赏花，冬则围炉品茗。

走近她先是幽蔽曲折书廊，进入渐觉明朗，只有临其间，才知其中妙。

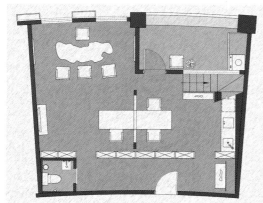

一层平面布置图

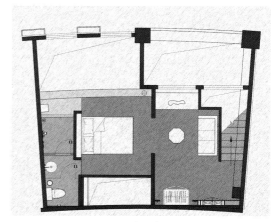

二层平面布置图

熹茗会·长乐店
Xi'ming Teahouse · Changle
设计单位：道和设计室内设计机构　设计师：高雄

项目名称：熹茗会·长乐店

项目地点：福州长乐

项目面积：220 平方米

主要材料：黑钛不锈钢、白色烤漆玻璃、雅士白大理石、黑色硝基漆

摄 影 师：李玲玉

走进熹茗茶会所，现代的空间里环绕着静谧的氛围，平添了几分淡定。空间选用黑色为这里的主色调，沉稳的色彩烘托出茶文化的深邃感。灯光烘托空间氛围，在光的虚与实，明与暗中带来充满变化的感受。空间各区域以格栅、木格断链接，进而连通各空间。

楼上设置了各式包厢茶座，大型包厢布置了沙发、茶桌，宽敞的空间可以容纳较多宾客。墙面以一副大型画卷为装饰，埋设上灯管，透过画布散发淡蓝的舒适光线。空间的一侧利用外部墙面打造了景墙布置上小景，为空间增添一分情趣。

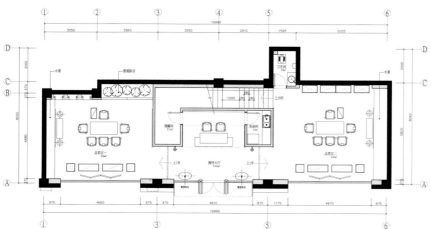

一层平面布置图

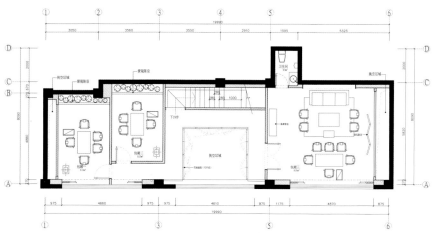

二层平面布置图

南湖大厦休闲空间
Nanhu building

设计单位：北京丽贝亚建筑装饰工程有限公司　设计师：刘旭东

项目名称：嘉峪关市南湖大厦一期室内设计

项目地点：甘肃省嘉峪关市

项目面积：1000平方米

该项目位于嘉峪关市，苍凉雄伟的万里长城西端起点，幅员辽阔，景观多变，恰似江南风光，又似五岭逶迤。文然对峙，格外迷人。

南湖大厦，在继承传统中矢志创新，简约中透着精致，和雅中充满激情，将新中国风的内涵演绎的优雅，醉人。项目通透材质的运用，搭配唯美的镂空屏风，朴素静雅，却又灵动耀眼。提醒着你这里是怎样一个不平凡的所在。严谨的布局和精巧的细节，融入现代简约的设计手法，无不展现着中式古典主义的构图美。

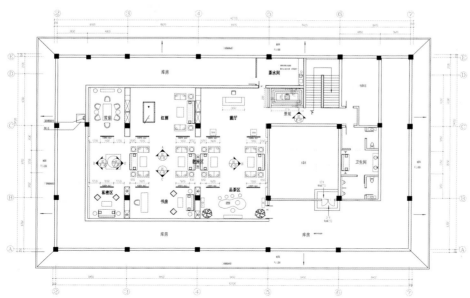

平面布置图

熹茗会·平潭店
Xi'ming Teahouse · Pingtan

设计单位：道和设计室内设计机构　　设计师：高雄

项目名称：熹茗会·平潭店

项目地点：福州平潭

项目面积：214 平方米

主要材料：玫瑰金、白色烤漆玻璃、水曲柳木饰面染灰色、蒙古黑火烧石

摄影师：李玲玉

　　熹茗茶室以现代的格调，融合提炼出的经典中式元素，塑造了一个时尚与文化雅兴并存的雅致空间。空间铺陈灰色仿古砖、刷白的墙面、黑色的家具摆设，沉稳的黑、白、灰搭配透露着干净、利落。

　　空间分割为上下两层，下层主要作为商品的展示空间，上层则是小包厢可供客人品茶聊天。一层空间宽敞舒适，两层楼高的挑高，搭配改良式的灯笼吊灯，显得更加宽厚大气。二层空间布置了多个品茶小包厢，格调各不相同，总能带来不一样的惊喜。

一层平面布置图

舒隅酒店茶会所
Shuyu Teahouse
设计师：林斌

项目名称：无锡舒隅酒店
项目地点：江苏省无锡市
项目面积：800 平方米

　　本案设计理念为传承本地建筑文化和人文精神，结合当代表现手法与自然与人的设计思路传达一种禅意自然的茶文化设计型精品酒店。将清静、悠闲的饮茶文化与商务文化结合，大胆将"回归自然"的理念融入酒店设计中，将城市中心的繁华喧闹与传统的静谧、写意和极致舒适、私密融为一体。

　　本案为酒店中的茶会所，集看书、喝茶、小聚、会议与一体，诚心打造茶主题复合空间。茶会所中大量的原木运用，领略犹如置身山林的舒适和愉悦，让人感受在山间一样自由的呼吸。

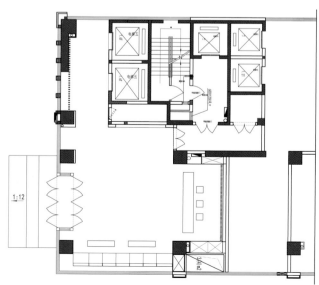

平面布置图

绍业堂
Shaoye Tang
设计师：张迎军

项目名称：济南绍业堂
项目地点：山东省济南市
项目面积：200平方米

本案会所环境文气素雅，在这里品茶不仅能欣赏
到名家的书画墨宝，还可挥毫泼墨，是雅集、闲谈、
社交的理想去处。

茶楼采用徽派砖雕的门楼，门两侧配楹联及石墩，
门前栽有绿植和桂花树，精雕朴琢、古韵雅美。整体
呈现为三进两院的格局，外院置景，内院为茶及茶具
的展厅，短廊将两院连接。内院一方通往业主夫妇的
私人茶室，另一方则是为客人设置的茶会。两方茶室
均列有名人书画、名家收藏，并置以红酸枝明式家具，
增添空间的典雅气质，彰显主人的品味。

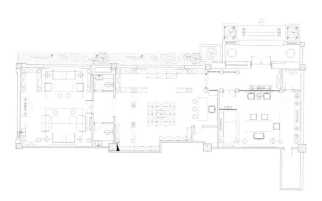

平面布置图

宽庐茶会所
Kuanlu Tea Club

设计师：林小真

项目名称：宽庐正岩茶旗舰店

项目地点：福建省泉州市

项目面积：1150 平方米

主要材料：田园风光漆、东鹏瓷砖

灵感源于武夷山水帘洞，洞石中的一泉涓滴、汇于池中的一泽涟漪，高山流水无不给人沐浴自然的轻松和随遇而安的坦然，描绘出静中有动，动中有静的空间意境，散发出淡淡的禅意和浓浓的文化底蕴。

整个茶会所的空间故事就围绕着武夷山展开，武夷山水帘洞的美景与品茶讲究的意境美相得益彰，通过"转化"的手法，用石头代表高山，用水池代表潭水，把水帘洞移步室内。再加上一架古琴，又营造了"高山流水觅知音"的意境，传达了千年茶文化以茶会友的思想精髓。整个空间场景不是生硬的模拟，也不是简单的返古，而是用现代的眼光、艺术化的手法去诠释。

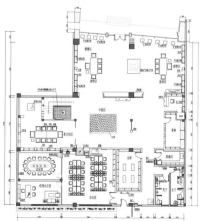

一层平面布置图

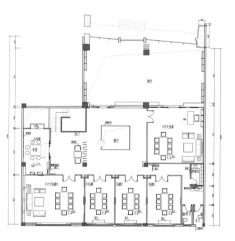

二层平面布置图

素业茶苑
Suye Tea Club
设计师：黄通力

项目地点：杭州凯旋路茶都名园

项目面积：150 平方米

本案为杭州茶厂的旧建筑改造，外立面保留着先前的红砖黛瓦，内部为传统"人"字顶厂房结构，在设计过程中最难的是要先解决空间布局及结构改造，以满足业主所需的多项功能。

设计师巧妙的利用人字顶的构造，采用钢架架构，将房屋搭建成上下两层，错落有致的布置了门厅玄关，二个中式包厢，二个日式和室，二组卡座，一个大型中厅培训室，一组茶艺操作台，茶具茶叶等产业展示区、收银台、仓库等，最大程度的实现土地资源的利用率。

通过现代简洁的设计语言来描述，将这样一处充满茶香的文化空间，拉近了与现代生活之间的距离。

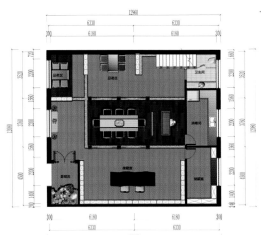

一层平面布置图

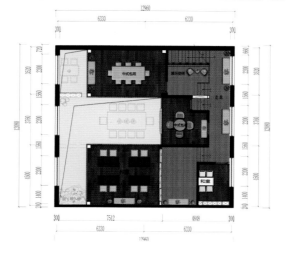

二层平面布置图

小东园
Xiaodong Yuan
设计师：潘冉

项目地点：江苏省南京市

项目面积：350 平方米

主要材料：WAC 灯具、大津硅藻泥、科勒洁具

老建筑的保护性建设，现代与传统的时空对话，表达传统建筑文化的时代感和现实意义。项目将古典园林精神融入室内布置当中，巧妙地利用传统建筑的格局，追求内外视觉的穿透交融。

在空间上，1）通过借景，对景的手法拓展视觉尺度。2）用轴线对称的理论用于实践表达设计师的"仪式美学"观。3）将传统建筑中的"不可用"变为"可用"。4）拼装式设计和隐藏式设计在传统建筑里的设计实践。

选材上，用"新"材料表现"旧"感觉；用粗矿材质和华丽的材料碰撞，再加入光电等科技元素，表达时光的穿梭感。

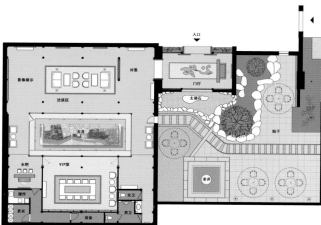

平面布置图

南池茶舍
Nanchi Tea Club
石代设计咨询有限

项目名称：济宁南池茶舍

项目地点：山东省济南市

项目面积：760 平方米

主要材料：亚麻壁纸、灰黑色仿古砖、仿旧
复合木地板

　　本案是以经营花茶、陈年普洱茶、仿汝窑茶器养
生餐为主的茶文化会所。设计应禅宗"简而廉"的精神，
主材部分灰色仿古砖和白色乳胶漆为主要材料，浅色
榆木的改良明式家具，深榆木格栅的应用，以及茶席
的茶器，花器小型化，同样是想强调这种感觉。

　　空间布局上，几间茶室错落分布，功能和布局上
体现"三晋"的设计主线。一层的普通品鉴展卖区为
一晋，二层南半边的五间茶室区为二晋，二层北半区
的茶友"沙龙"及 VIP 茶餐综合空间为三晋。三个区
域在功能上既有递进的关系，又使空间节奏明晰，在
经营上对应了不同消费群体的需求。

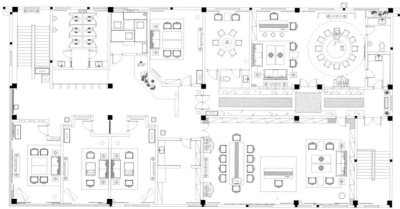

平面布置图

海洋会
Haiyang Club
设计单位：大石代设计咨询有限公司

项目名称：辛集海洋会所

项目面积：360 平方米

主要材料：亚麻壁纸、灰黑色仿古砖、仿旧复合木地板、地毯、新中式实木家具

　　本案的设计理念是从"减法"做具有传统意味的会所空间，用简洁的手法营造空间，使装饰构件能够在满足基本功能的前提下让位给空间，把能够与人亲密互动的家具和器物当作主体，让观者感受一种悠闲的"自在"。项目构思是一个不断取舍的过程，当功能和造型矛盾的时候，取功能而舍去造型语言。

　　空间中灯光设计尤为重要，沉静内敛的定位需要灯光与材质的准确搭配，加上变化多样的灯光运用方式营造烘托出会所的整体氛围。

　　茶器与人之间的交流不只反映在手工艺上，更是事茶人对茶道理解后的物化表现。

稍可轩
Shaoke Xuan
设计师：孙铮

项目名称：幽兰琴馆
项目地点：河北省石家庄市中山路
项目面积：900 平方米

整个空间塑造以黑白灰为主添加了一些木色给冰冷的空间添加一些活力与人的亲近，通过徽派建筑特色和现实空间用现代的手法做一个结合。

入口处正对墙面是白色的墙面上部有瓦片装饰的假窗，内衬灰镜制造别有空间的假象，窗下不锈钢的标示，加上标示本身背部灯光让它感觉像是在飘着，透出一股莫名的幽静与空灵。路面是青石地板，其他地面全是白色的石米勾勒出相对规矩的纹理，两侧是徽派建筑典型的墙面造型。白墙灰瓦加上墙头的青石板，顶面是木作过梁，阳光疏淡的散落在白墙上有几条木梁留下的阴影，是整个空间更加的纯净、空寂、亲切。

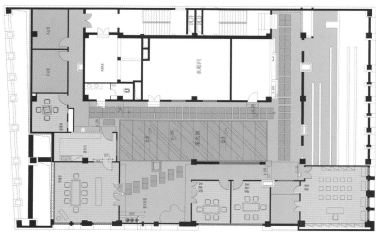

平面布置图

古一宏茶会所
Guyihong Tea Club
设计单位：杭州青思设计事务所　设计师：吕杰　林森

项目地点：杭州老复兴路白塔公园内
项目面积：558 平方米

中国茶文化的形成有着丰厚的思想基础，传统文化的表达和传递，更注重的是空间意境和现实的体会；本案在设计手法上没有过多的修饰，整体简洁、清秀、同时却处处散发着属于传统文化的底气和神韵；这就是本案设计要表达的一种人文境界，一种艺术境界——"茶禅一味"。

室内是建筑空间的延伸，在原有的建筑结构上相辅相成，形成了独立的房中房；既满足了功能上的需求，更让整个空间层次变的丰富，二楼折转的过道穿插其中，增加了私密感的同时给人有几分神秘。格栅作为本次设计的主要元素，让东方禅意得到了更好的体现。

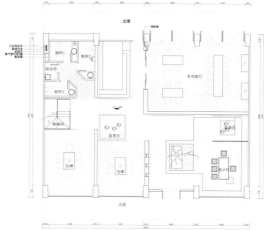

一层平面布置图

二层平面布置图

茗泉茶庄
Guyihong Tea Club
设计师：刘晓亮

项目地点：广东省东莞市

项目面积：860 平方米

摄 影 师：石头

以茶文化为主题，为身处繁华都市的企业精英及文人墨客提供了一个的很好的交流放松平台。"素色"，是这间坐落于繁华都市中的休闲空间的设计概念。

通过现代简洁的设计语言来描述，将这样一处充满茶香的文化空间，拉近了与现代生活之间的距离。在色彩上，整个空间以稳重的暖灰色调，配合局部光源的处理，以亲切温馨的视觉体验让空间与人之间的关系更加紧密。室内是建筑空间的延伸，在原有的建筑结构上相辅相成，形成了独立的房中房；既满足了功能上的需求，更让整个空间层次变的丰富，二楼折转的过道穿插其中，增加了私密感的同时给人有几分神秘。

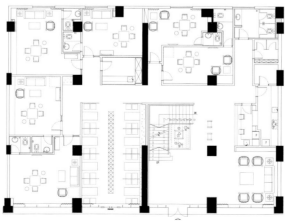

一层平面布置图

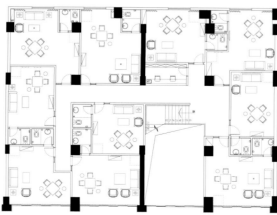

二层平面布置图

陶然居
Taoran Ju
设计师：徐攀

项目地点：湖南省株洲市
项目面积：160 平方米
摄 影 师：邓金泉

本案例以黑、白、灰作为主题色彩，在设计上借用了造园的屏、曲、借、寄要素，营造出"可游可望"的茶室空间。

设计者善于运用不同的空间造型对东方文化进行自己的表述，在一些界面的造型设计上，将中国传统符号元素打散重构，渗入现代审美需求。项目运用中国绘画艺术有合有开、有虚有实。

整个空间没有多余繁杂的装饰，材料运用素水泥、瓦片等原生态材料。力求大气优雅，内敛简约，彰显东方智慧和灵感。

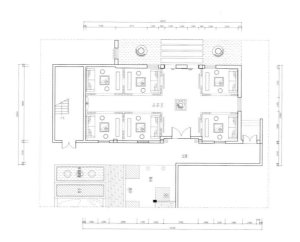

平面布置图

寻茶
Discover Savour

设计师：张瑞

项目地点：湖南省株洲市

项目面积：80 平方米

摄 影 师：张瑞

本案萃取茶乡的古茶韵味，用抽象的手法表现都市"茶"的艺术空间。利用异形柜岛增加空间的变化、旧船木板的组合增加收纳、强化茶韵的艺术性。

选材方面，选择便于异形岛柜的加工，同样材料的地面运用加强了销售区的整体感。旧船木、锈钢板的质感，映衬着手工陶的器物之美和福建茶岩骨花香的独特茶韵。

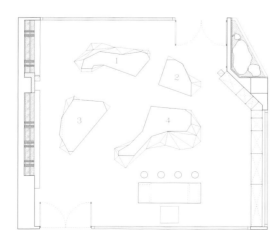

平面布置图

融汇民俗的新东方气韵
An Oriental Space With Folk Culture
设计师：郑仕鹏

项目地点：福建省福州市

项目面积：336 平方米

主要材料：GLLO 卫浴、威登堡陶瓷、纳百利石塑地板、YOUFENG 灯具、精艺玻璃

摄影师：周跃东

空间选取用汇聚东方灵气和西方技巧的新东方主义风格为空间的整体格调，并融入屏南当地的风情文化，相互间的融合搭配创造出独特的空间氛围。

利用回廊、屏风、照壁等多种设计手法分割空间，使空间有循序渐进之感，空间以中轴为线分割为左右两个区域，中线用屏风装饰，后部为回廊。并达到多层次空间的视觉效果，下沉式的茶座给人环绕的安全感。

色彩简约纯净，视觉比例恰到好处，空间的动线流畅且层次丰富，写意般的空间氛围让置身其中的人们由心感到放松。

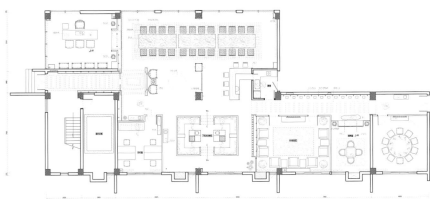

平面布置图

无像无相
Wuxiang Wuxiang
设计师：陈杰

项目名称：古逸阁茶会所
项目地点：福建福州
项目面积：200 平方米

古逸阁茶会所作为设计师"浮云"系列作品之一，
"无像无相"是其对空间意境的崭新诠释。

古逸阁茶会所位于浦上大道，与万达商圈毗邻。
设计师遵循"物尽其用是为俭"的理念，将一份古朴
与清静浸润在空间之中，让目之所及的一切愈加耐人
寻味。会所前的户外区域，地面用憨实的枕木铺陈，
周边的桌椅以木质、石质、竹质交糅在一起，透着一
股自然苍劲的美，悄然打动着过往的人们。墙面的透
明玻璃呈现出会所内部的景致，它仿佛是一副取景框，
涵盖的风景或许是一个插着枯枝的陶罐，一把改良过
后的中式椅子，抑或是灯光留下的影子，骤然生动。

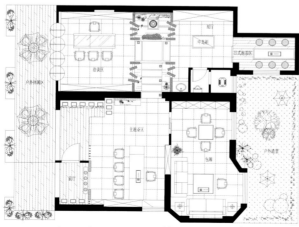

平面布置图

茶会
Tea Club

设计单位：黑龙江省佳木斯市豪思环境艺术顾问设计公司　　设计师：王严民

项目地点：黑龙江佳木斯市

项目面积：645 平方米

主要材料：锈板瓷砖、复古老墙砖、
　　　　　中式木格、浮雕曲柳贴面板、
　　　　　布艺、壁纸、乳胶漆

"茶会"位于黑龙江省佳木斯市，身为本土设计师，没有刻意表达明清京韵和江南秀雅。

力求将"茶会"打造出北方地域与秦汉气息相融合的人文氛围，厚重不失灵巧，简型做，朴气质。复古老墙砖、中式木格的融入，使东方韵味更加浓重。给人内心以宁静致远的禅宗心境。

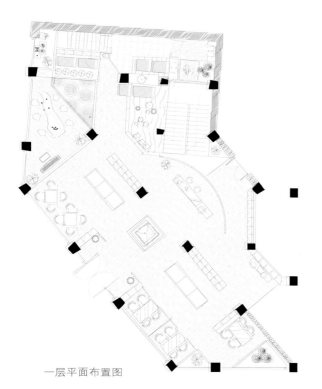

一层平面布置图

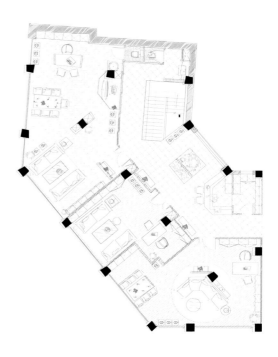

二层平面布置图

印象客家
Impressions of Hakka

设计单位：福建品川装饰设计工程有限公司　设计师：陈杰

项目地点：福建福州

项目面积：1100 平方米

主要材料：水曲柳、仿古砖、铁艺花格、
　　　　　青砖、实木

任何一种文化、一种理念，都要通过一个载体来培养，既而发扬光大。

印象客家位于 A-ONE 运动公园内，隐于深处的位置给这个餐饮空间多了几分低调与内敛。"追根溯源，四海为家"的文化理念也在潜移默化中得到些许诠释。尚未进入空间内部，外面的庭院景观已然吸引了我们的目光。包厢置于自然的怀抱之中，食客便拥有了广阔的视野。同时，玻璃墙面使得窗外郁郁葱葱的景致成为一道天然的背景。渐渐地，这里的一草一木、一砖一瓦，不管是有生命的还是没生命的，都找到了与空间沟通共融的方式。

印象客家的门面上方用斑驳的铁皮做装饰，粗犷的纹理显得厚实而有力量感。下方的圆窗位置，摆放着石磨与擂茶饼，墙面上的地图指示出客家族群在国内的分布情况，这些与客家文化一脉相承的物件在这古朴的空间中悠悠不尽。

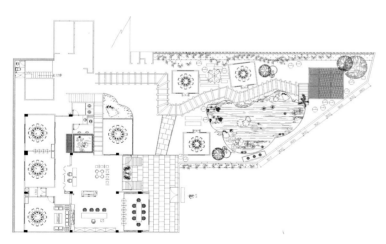

平面布置图

观茶天下
Understand World Tea

设计单位：许建国（合肥）许建国建筑室内装饰设计有限公司　设计师：许建国

项目地点：安徽合肥

项目面积：360 平方米

主要材料：古木纹饰面板、小青砖、
　　　　　芝麻黑石材、仿古板

　　本案位于合肥市黄山路原学府路中环城，是文化一脉相承的主街，周围的人群层次较高，选择具有浓厚的茶文化底蕴的徽派风格来彰显本案特点，创造一番世外桃源之地，试图打破传统徽派建筑特点，让人享受一份放松、优雅的环境，细细体会徽州茶文化精髓。

　　设计思路主抓徽州茶文化精髓，所谓："酒好可引八方客、茶香可会千里友"，正是设计师所要表达的内质。徽州茶道，讲究以茶立德，以茶陶情，以茶会友，以茶敬宾；设计工作重点是营造茶楼环境、气氛，以求汤清、气清、心清，境雅、器雅、人雅，真正表达博大精深的中华茶文化。

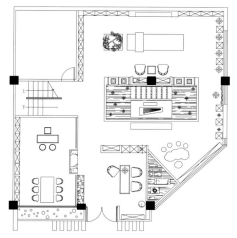

一层平面布置图

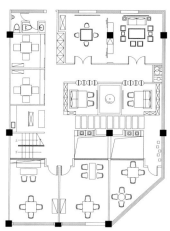

二层平面布置图

觀茶天下
UNDERSTAND WORLD TEA ®

沁心轩
Refreshing House

项目地点：福建福州
项目面积：99 平方米
主要材料：水泥板、瓦片、茶叶盒、灰镜

　　本案是一个面积不大的茶叶小会所，自然与朴素是这个空间的重要标准，然而今天的审美和主流思维已经远离了那个传统的年代。于是设计师重新解构了中国文化中代表性元素，从色彩中提炼出黑与白，从形态中提炼出方与圆，从氛围提炼出闹与静，最终塑造出一个精神需求与物质享受相融合的意境空间。

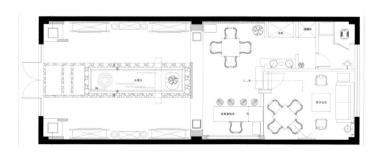

平面布置图

杯酒话山居
Mountain Club
设计师：舒娜

项目地点：福建福州

项目面积：800 平方米

主要材料：原木、防腐木、金属砖、青砖

本案旨在打造一个户外、养身为一体的休闲场所，使到这里的人可以与自然最近距离的接触，亲近蔚蓝，享受碧绿。

首先是对建筑原结构进行一些必要的改造：一个是楼层的改造，一个是建筑外围环境的改造。原楼顶加盖的一层以青砖灰瓦表现出悠远灵动的东方意境；大面积落地窗能够最大限度的把自然带进室内；依地势引入山泉而成的池塘波光潋滟；不远处依山而建的风雨亭在取材和工艺上传承了中国传统建筑元素，做旧手法的处理后一眼看过去颇有几分似杜甫草堂。通过改造将自然山水与人文建筑更完美融合在了一起。

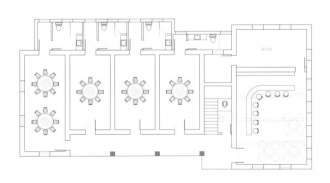

一层平面布置图

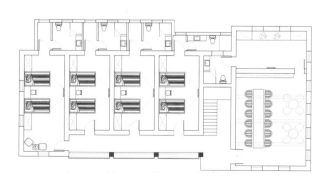

二层平面布置图

三层平面布置图

本案在材料的运用上也是颇费了几番心思，为了遵循原建筑的整体风格，也为了与自然环境的沟通融合达到一致，在用材时，木材占了很大的比重，从门窗到桌椅到顶楼大面积木地面再到栏杆等等很多地方都是木料，值得一提的是，这其中很多是从各地拆掉的老房子中淘来的，于是现在我们可以从很多地方都看到岁月留下的烙印。

在陈设上，我们也是强调旧物利用的原则。很多颇具民风的老式家具也是从多个地方归置来的，把这些旧物置于这样一个全新的空间中，东方风格的秀气典雅得到了新的定义，新旧之间可以更好地契合，更为这一建筑空间增添了几分神韵。

闲暇之余，登上位于半山腰的这里，放眼望去，满山的绿顿时消解了全身的疲惫，再斟上一壶薄酒，此情此景岂不让人快哉！

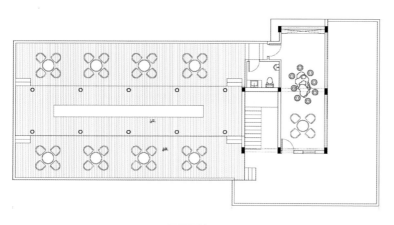

四层平面布置图

茗古园
Ancient Tea Garden
设计师：陈杰

项目地点：福建福州

茗古园的设计思想源于茶道"和、敬、清、寂"四字真髓中的"清"字，旨在演绎"心无旁物人自清"的修养境界。

茗古园的整体塑造时而顿挫有力，时而轻拂笔尖。不同的功能区域在这里分布不同的节奏，看光影慢慢爬上老家具，遒劲的脉络呈现着清晰可见的力量。而细节处的物件只留安静雅致，耐人寻味。传统中式材料的新运用，让房子内的气场散发出淡淡的禅意和浓浓的文化底蕴，似乎该有些悠远的声音从远处传来才能让这一切显得真实些。

图书在版编目（ＣＩＰ）数据

中式茶楼 Ⅱ /《典藏新中式》编委会编 . —— 北京：中国林业出版社，2016.1
（典藏新中式）（第二辑）

ISBN 978-7-5038-8167-1

Ⅰ.①中… Ⅱ.①典… Ⅲ.①茶馆－室内装饰设计 Ⅳ.① TU247.3

中国版本图书馆 CIP 数据核字 (2015) 第 226701 号

【典藏新中式（第二辑）】——中式茶楼 Ⅱ

◎ 编委会成员名单
主　编：贾　刚
编写成员：　贾　刚　王　琳　郭　婧　刘　君　贾　濛　李通宇　姚美慧　李晓娟
　　　　　　刘　丹　张　欣　钱　瑾　翟继祥　王与娟　李艳君　温国兴　曾　勇
　　　　　　黄京娜　罗国华　夏　茜　张　敏　滕德会　周英桂　李伟进　梁怡婷
◎ 丛书策划：金堂奖出版中心
◎ 特别鸣谢：思联文化 + 柳素荣

中国林业出版社　·　建筑分社

责任编辑：纪　亮　　王思源
联系电话：010-8314 3518

出版：中国林业出版社
（100009 北京西城区德内大街刘海胡同 7 号）
http://lycb.forestry.gov.cn/
E-mail: cfphz@public.bta.net.cn
电话：（010）8314 3518
发行：中国林业出版社
印刷：北京利丰雅高长城印刷有限公司
版次：2016 年 1 月第 1 版
印次：2016 年 1 月第 1 次
开本：235mm×235mm，1/12
印张：16
字数：100 千字
本册定价：220.00 元（全套 8 册：1760.00 元）

鸣谢

因稿件繁多内容多样，书中部分作品无法及时联系到作者，请作者通过编辑部与主编联系获取样书，并在此表示感谢。